Bibliografische Information der Deutschen Nationalbibliothek:

Die Deutsche Bibliothek verzeichnet diese Publikation in der Deutschen National-
bibliografie; detaillierte bibliografische Daten sind im Internet über http://dnb.d-
nb.de/ abrufbar.

Impressum:

Copyright © 2014 GRIN Verlag, Open Publishing GmbH
Druck und Bindung: Books on Demand GmbH, Norderstedt Germany
ISBN: 9783668311046

Loisa Welfers

Wahrnehmung und Bewertung von Kulturlandschaften in Hinblick auf Freizeitnutzung und Tourismus

GRIN Verlag

07.10.2014

RWTH Aachen

Geographisches Institut

Hauptseminar <u>Geographie der Freizeit und des Tourismus in Europa</u> Wintersemester 2014/ 2015

Wahrnehmung und Bewertung von Kulturlandschaften im Hinblick auf Freizeitnutzung und Tourismus

Loisa Welfers

5. Semester

Angewandte Geographie

Inhaltsverzeichnis

1 Einleitung

Begibt man sich auf die Suche nach Fachliteratur zum Thema Landschaft, stößt man auf die verschiedensten Aussagen, Formulierungen und Schlussfolgerungen. Zahlreiche variierende Definitionen von Natur- und Kulturlandschaft existieren, viele von ihnen widersprechen sich sogar. Diverse Bewertungsansätze für eine Landschaft sind in der Literatur zu finden, die oft einen erheblichen Komplexitätsgrad aufweisen und nur schwer nachvollziehbar sind

Während meiner Recherche habe ich bemerkt, dass Landschaft ein besonderes Gut darstellt, das jedoch nicht so leicht zu erfassen ist. Daraufhin habe ich mich gefragt, was ich denn eigentlich unter Landschaft verstehe.

„Die Landschaft ist ein Raum. Meine Lebenswelt. Bäume, Flüsse, Wälder, Vögel, Berge..., das verbinde ich mit einer Landschaft. Jedoch gehören in meine Lebenswelt auch meine Mitmenschen, Freunde und Verwandten, die Stadt und das Haus in denen ich lebe, die Straße, auf der ich mit dem Fahrrad fahre,..., aber ist das auch Landschaft?"

Ich fragte weitere Personen aus meinem Umfeld nach ihrer Definition von Landschaft.

Person 1: „Landschaft= Über Millionen Jahre entstandene und vom wirtschaftenden Menschen veränderter Teil der Erdoberfläche"

Person 2: „Landschaft= Natürliche oder auch vom Menschen landwirtschaftlich gestaltete Umgebung."

Person 3: „Landschaft= Lebensraum"

Person 4: „Landschaft= Freiheit, Heimat und Schöpfung"

Person 5: „Landschaft =Bild der Erdoberfläche"

Person 6: „Landschaft= Natur und Erholung"

Person 7: „Landschaft= Das Aussehen der Umgebung"

Jeder definiert Landschaft anders.

Was ist also Landschaft?

Was wird einer Landschaft zugeordnet?

Gibt es verschiedene Arten von Landschaft?

Sehen wir alle das Gleiche in einer Landschaft oder haben wir unterschiedliche Sichtweisen?

Und wie wird eine Landschaft durch den Menschen bewertet?

Diese Arbeit beschäftigt sich mit der Definition von Landschaft und ihrer Differenzierung in Natur- und Kulturlandschaft. Kulturlandschaften bilden die über die Zeit entstandenen Räume geprägt durch den Menschen. Da jeder Mensch unterschiedliche Emotionen, Erinnerungen, Schwerpunktsetzungen und Wertevorstellungen hat, nimmt jeder Mensch eine Landschaft anders wahr und bewertet sie in Folge dessen auch anders. Zahlreiche Methoden existieren, um Landschaften zu bewerten und auch die Bewertungen der Nutzer dieser Landschaften aufzugreifen. Die wichtigsten Methoden werden in der folgenden Arbeit in ihren Grundzügen dargestellt und erklärt. Damit nachvollzogen werden kann, inwiefern eine Landschaftsbewertung stattfinden kann, folgt zum Schluss die Vorstellung der Bewertung einer österreichischen Kulturlandschaft.

2 Landschaft

Landschaft kann als eine zentrale Raumkategorie angesehen werden. Es existiert keine einheitliche Definition des Begriffs, denn jede Landschaft zeichnet sich durch eine individuelle Zusammensetzung einzelner Elemente (z.B. Gewässer, Vegetation, Relief) aus. Der Begriff Landschaft beinhaltet die Themenbereiche Erinnerung, Bewertung, Wahrnehmung, Dynamik, Identität und Macht. Alle diese Bereiche prägen eine Landschaft. Landschaft bildet eine Art Plattform für das Leben der Menschen. Sie ist mehr als eine Kulisse in der wir leben, sie ist ein Teil unserer Lebenswelt. Die Landschaft ist unsere Alltagswelt, ein Ort, den wir täglich nutzen. Jeder Mensch gestaltet jedoch seine eigene Landschaft, in der unter anderem Beziehungen gepflegt werden und Interessen nachgegangen wird. In der heutigen Zeit ist das Thema des Landschaftswandels sehr bedeutend. Denn immer mehr verschwinden die ländlichen Räume, aus denen suburbane und urbane Landschaften entstehen.

Eine Landschaft in früher Zeit unterscheidet sich von der heutigen in ihrer zeitlichen Dynamik. Eine Landschaft ist keinesfalls etwas stetiges, sie befindet sich in ständiger Transformation. Landschaft und Gesellschaft verändern sich heute viel schneller und häufiger als früher. Meist bleibt kaum Zeit, sich an die neuen Gegebenheiten anzupassen, da bereits ein neuer Wandel begonnen hat.

Heute sind Landschaften meist durch die Raumnutzungen der Menschen geprägt. Landwirtschaft, Siedlungsbau, Verkehr und Tourismus sind zum Beispiel Aktivitäten, die das Landschaftsbild stark beeinflussen. Der Begriff Landschaft umfasst sowohl Natur- als auch Kulturlandschaften, die im Folgenden erläutert werden (Rufer 2005:33ff/ Sieferle 1995:40ff).

„Landschaft: Ein Gebiet, wie es vom Menschen wahrgenommen wird, dessen Charakter das Ergebnis der Wirkung und Wechselwirkung von natürlichen und menschlichen Faktoren ist (Europäische Landschaftskonvention).

2.1 Naturlandschaft

Eine Naturlandschaft kann als ein Ausschnitt der Erde bezeichnet werden, der nicht durch die Menschen beeinflusst wurde (Abbildung 1). Natürliche Faktoren, wie zum Beispiel das Relief, das Klima und die Vegetation prägen eine Naturlandschaft. Es sind keine, direkt erkennbaren, anthropogenen Nutzungseinflüsse vorhanden. Jedes Lebewesen steht in einer bestimmten Beziehung zu seiner natürlichen Umwelt und wird durch diese geprägt. Jedoch beeinflusst die Umwelt nicht nur die Lebewesen, sondern die Lebewesen gestalten auch ihre Umwelt. Je nach Größe und Dominanz der jeweiligen Art, können die Auswirkungen auf die Landschaft erheblich sein. Der Mensch lebte lediglich im Jäger- und Sammlerstadium in einer Naturlandschaft.

Naturlandschaften sind über die Zeit wertvolle Güter geworden. Viele Naturlandschaften wurden von den Menschen erschlossen und somit zu Kulturlandschaften umfunktioniert. Zahlreiche bestehende Naturlandschaften werden heute als Schutzzonen ausgewiesen, die für die Menschen unzugänglich sind (Sieferle 1995:40ff).

Abbildung 1 Naturlandschaft (sielmann-stiftung:2013)

2.2 Kulturlandschaft

Wird eine Naturlandschaft durch den Menschen verändert, entsteht die sogenannte Kultur-landschaft. Menschen hinterlassen „Spuren" in der Naturlandschaft, die als Indikatoren für soziale Prozesse gelten. (Mitchell 2000 Cultural Geography: A Critical Introduction).

Der Begriff Kulturlandschaft kann auf verschiedenste Weise definiert werden. Aus allen Definitionen geht hervor, dass der Mensch eine entscheidende Rolle bei der Entstehung und Erhaltung der Kulturlandschaft spielt. Damit Kulturlandschaften genauer definiert werden können, ordnet man diesen bestimmte Merkmale zu. Dabei spielt der Grad der anthropogenen Beeinflussung eines Naturraumes oder die Funktionen, die eine Landschaft übernimmt, eine wichtige Rolle. Kulturlandschaft wird mit einer typischen Merkmalsausprägung des Gebietes verknüpft: zum Beispiel Siedlungslandschaft (Abbildung 2) und Weinbaulandschaft (Abbildung 3). Heute dienen viele Kulturlandschaften der Freizeitnutzung beziehungsweise dem Tourismus. Beispiele sind hier Alpine Landschaften (Skitourismus), Weinbaulandschaften (Weintourismus) und Industrielandschaften (Industrietourisms).

Abbildung 2 Kulturlandschaft (Siedlung) (jesus-bruderschaft:2009)

Abbildung 3 Kulturlandschaft (Weinbau) (idyllicplaces:o.J.)

„Die Kulturlandschaft ist das Ergebnis der Wechselwirkung zwischen naturräumlichen Gegebenheiten und menschlicher Einflussnahme im Verlauf der Geschichte. Dynamischer Wandel ist daher ein Wesensmerkmal der Kulturlandschaft"
(Gunzelmann 2000:3f).

„Die Evolution der menschlichen Gesellschaft und Besiedlung in der Zeit, unter dem Einfluss physischer Beeinträchtigungen und/oder Möglichkeiten der natürlichen Umgebung sowie unter dem Einfluß aufeinanderfolgender und sowohl von außen wie von innen wirkender sozialer, wirtschaftlicher und kultureller Kräfte"
(Burggraff/ Kleefeld o.J.:2).

Das Wort Kultur, abgeleitet vom Begriff „Kultivieren", beschreibt unter anderem das urbar machen der Natur. Ursprüngliche Vegetation wird verändert oder sogar beseitigt und langfristig somit auch ökologische Prozesse beeinflusst. Da die Eingriffe der Menschen dauerhaft erfolgen, wird die Landschaft nahezu vollständig überformt (Müller 2005: 2). Eine Kulturlandschaft repräsentiert die Lebenswelt gesellschaftlicher Gruppen, die sich stetig in einem Wandel und Anpassungsprozess befinden. Es entsteht ein Beziehungsgefüge aus Mensch, Natur und Kultur.

Zahlreiche verschiedene Formen von Kulturlandschaften existieren, die jeweils durch die unterschiedlichen Landnutzungen geprägt sind. Kulturelle, wirtschaftliche und soziale Rahmenbedingungen der Bevölkerung beeinträchtigen das Ausmaß der menschlichen Eingriffe auf die Natur. Je nach Intensität der Einwirkungen werden verschiedene Kulturlandschaften unterschieden.

Naturnahe Kulturlandschaften sind durch natürliche Faktoren geprägt (gering beeinflusste Natur). Die **land- und forstwirtschaftlich geprägte Kulturlandschaft** ist definiert durch die Produktions- und Wohnfunktion der Land- und Forstwirtschaft (traditionelle Kulturlandschaft). Eine **naturferne Kulturlandschaft** zeichnet sich durch die Dominanz der Nutzfunktion des Menschen aus (z.B. wirtschaftlich genutzte Standorte am Rande von Großstädten). Stadtlandschaften und Industriezonen sind demnach genauso Kulturlandschaften, wie extensiv genutzte Wiesen und Weiden (Friedel 2002:4-7, Spreitzer 1951:253ff, Dollinger:2001, Kulturlandschaft Südtirol:2008).

3 Raum- Mensch Beziehung- Der Mensch als Raumgestalter

Peter Weichhart beschäftigte sich mit der Beziehung der Menschen zum Raum. Eine klare Definition von Raum existiert nach ihm nicht. Der Raum hat fünf verschiedene Bedeutungsvarianten, die teilweise widersprüchlich sind (Abbildung 4)

1. Zunächst kann ein Raum einen einfachen Bereich der Erdoberfläche darstellen, also einen **Erdraumausschnitt.**
2. Ein Raum kann auch als ein **Container** gesehen werden. Dieser Container stellt einen begrenzten dreidimensionalen leeren Raum dar.
3. **Ordnungsstrukturen**, wie das GIS oder der soziale Raum, die vom Menschen geschaffen wurden, bilden immaterielle Räume.
4. Raum existiert nicht als Container oder leerer Raum. Raum kann erst durch die Beziehung der **Raum- Elemente** geschaffen werden.
5. Ein Raum kann auch eine Erweiterung eines Erdraumausschnittes sein. Hier wird von dem **erlebten Erdraumausschnitt** gesprochen (Rufer 2005: 35/ Weichhart 1998:6).

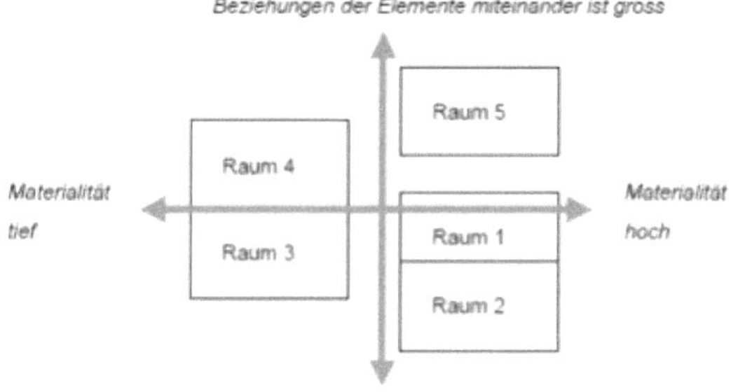

Abbildung 4 Raumarten (Rufer 2005:34)

Raum Nummer fünf kann den Raum der Alltagswelt darstellen. Der **erlebte Raum** ist gezeichnet durch den subjektiven Sinn und die subjektive Bedeutung. Verschiedene gruppen- und kulturspezifische Werturteile prägen diesen Raum. Der erlebte Raum kann als eine Art Alltagswelt bezeichnet werden, in der anthropogene Elemente (Siedlungen), die Elemente der Natur und Kultur und soziale Interaktionen dominieren. Individuelle Meinungen und Bewertungen zeichnen diesen Raum aus, der auch als Basis zur Bildung der Ich- Identität gesehen werden kann. Jeder Mensch kann eine persönliche Beziehung zu einem Raum aufbauen, häufig spielt hier auch die emotionale Ortsbezogenheit eine bedeutende Rolle (Weichhart 1998:9ff/ Tilley 1994:8-12).

Der Mensch trägt also wesentlich zur Raumentstehung bei. Die Bedeutung eines Raumes hat eine subjektive Dimension, denn die Wahrnehmung eines Raums ist immer beeinflusst durch die in dem Raum konstruierte Lebenswelt von einzelnen sozialen Gruppen.

„Was Raum ist, hängt davon ab, wer ihn erfährt und wahrnimmt" (Rufer2005:36).

Alter, Geschlecht, gesellschaftliche Machtbeziehungen und die soziale Position beeinflussen die Wahrnehmung und Bewertung von Raum. Räume sind geprägt durch ständige Transformation, sie sind keinesfalls statische, unveränderliche Ebenen. (Tilley 1994:11/ Rufer 2005:33-37).

4 Landschaftswahrnehmung

Im Laufe der Zeit kam es zur Ausprägung von regionalen Unterschieden in den Kultur- und Siedlungsformen. In Siedlungen und Städten, aber auch in der freien Landschaft zeigten sich regionale Unterschiede. Es entwickelten sich die **Kulturlandschaften als Ausdruck der Lebens- und Arbeitsweise der Menschen.**

Mitte bis Ende des 19. Jahrhunderts kam es zu einer bewussten Wahrnehmung der Landschaft und damit auch zu einer freiraumbezogenen Erholung. Der Verlust von Landschaftsästhetik wurde erst mit der Industrialisierung bewusst von den Menschen wahrgenommen. Zunächst waren es Kirchen, Klöster und Kunstwerke auf die sich das **Verlustempfinden** beschränkte. Landschaft wurde immer mehr entwickelt und verändert. Kulturlandschaften bekamen eine immer größere Bedeutung für die Menschen. Kulturlandschaften sind Naturlandschaften, die zwar durch den Menschen beherrscht, jedoch auch durch diesen sinnlich genutzt werden. (Demuth 2000:13-22/ Sieferle 1995:40f).

Die **Ansprüche** der Menschen an die Landschaft sind oftmals gegensätzlich. Folgende Bedürfnisse und Erwartungen können genannt werden:

- Geborgenheit und Heimat
- Schönheit
- Naturverbundenheit und Harmonie von Mensch und Natur
- Freiheit und Ungebundenheit
- Bewusstsein für Geschichte und Tradition
- Ursprünglichkeit und Unverfälschtheit
- Abwechslung und Neues
- Orientierung in der Landschaft
- Voraussetzung für Freizeitaktivitäten
- Selbstverwirklichung und Freiheit

Heute wird Landschaft immer mehr zu einem, durch den Menschen, stark genutzten Konsumgut. Naturnahe, hochwertige Landschaften werden durch **touristische Aktivitäten** oft intensiv genutzt und sogar oftmals übernutzt. Gleichzeitig wird den unspektakulären Flächen der Alltagslandschaft nur wenig Wertschätzung geschenkt (Demuth 2000:17f).

4.1. Wie der Mensch Landschaft wahrnimmt

Die **phänomenologische Forschung** beschäftigt sich damit, wie Menschen ihre Umwelt wahrnehmen. Die Landschaftswahrnehmung beginnt bei der Umweltwahrnehmung. Diese schließt neben der natürlichen Umwelt auch die gebaute Umwelt sowie wertende, kognitive und ästhetische Aspekte mit ein. Wie ein Mensch eine Landschaft wahrnimmt wird durch seine Erinnerungen, sein Wissen oder seine Erfahrungen beeinflusst. Die Wahrnehmung einer Landschaft findet über die **Sinne Sehen, Hören, Riechen, Tasten und Schmecken** des Menschen statt. Das Sehen ist der wichtigste Wahrnehmungsinn, denn circa 80 – 90% der menschlichen Sinneswahrnehmung läuft über das Auge ab. Nicht nur die einzelnen Elemente einer Landschaft, wie ein Wald oder ein Bach tragen zum Landschaftserleben bei, sondern vielmehr die **Synthese der einzelnen Elemente**.

Menschen bewerten ihre Umwelt **subjektiv** durch ein individuell geformtes Abbild ihrer Umwelt. Grundlegend für die individuelle Bewertung sind die sogenannten „**internen Faktoren**" (Persönlichkeit) des Menschen. Wie bereits beschrieben, spielt der Sehsinn eine bedeutende Rolle bei der Landschaftswahrnehmung. Das Visuelle einer Landschaft prägt sich ein und ist zu einem späteren Zeitpunkt als Erinnerung wieder abrufbar. **Gefühle** bilden eine weitere wichtige Basis bei der Landschaftswahrnehmung, denn Eindrücke sind maßgeblich geprägt durch die individuellen Gefühle einer Person. Sinnlichkeit und Moral sind bedeutende Elemente der Wahrnehmung (Hasse1999:65ff). Desweiteren fasst jeder Mensch von einem Raum eine Atmosphäre auf, die als Bindeglied zwischen dem Mensch als Subjekt und der Landschaft als Objekt definiert werden kann. Jeder Mensch hat somit eine andere Bindung zu einer und der selben Landschaft, da jede Person dieser mit anderen Gefühlen gegenübersteht (Haase 1995:9,26, 40ff/ Rufer 2005:46ff).

Es wird demnach unterschieden zwischen der eigentlichen Sinneswahrnehmung, der ein Wertmaßstab zugrunde liegt, und der Bewertung des Landschaftsbildes, die individuelle Erfahrungen und Persönlichkeitsmerkmale miteinschließt (Johnston et al. 2009:199; 324; 365)/ Schwahn 1990:20ff).

Damit ein Mensch seine reale Umwelt wahrnehmen kann, gliedert er sie in Informationsfragmente. Die anschließende Wahrnehmung erfolgt über die bereits genannten Sinne des Menschen. Vergangene Erfahrungen ermöglichen das Wiedererkennen und Erinnern. Aus den gesammelten Elementen formt der Mensch ein kognitives Bild, aus dem er wiederum die für ihn wichtigsten Landschaftselemente selektiert. Das selektiere Landschaftsbild ist jenes, wie ein Mensch Dritten von einer erlebten Landschaft erzählen würde (Abbildung 5) (Knox, Marston 200: 280-290/Gassner, Winkelbrandt 1990:145/ Demuth 2000:15).

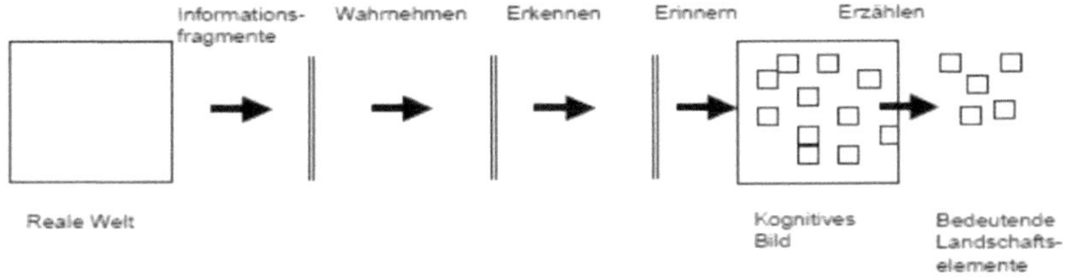

Abbildung 5 Wahrnehmung einer Landschaft (Rufer 2005:46)

Neben den genannten Einflussfaktoren, spielt das **Alter** der wahrnehmenden Person eine wichtige Rolle bei der Landschaftswahrnehmung. Denn die Wahrnehmungen der Kinder differenzieren sich von denen der Erwachsenen. Erst in einem Alter von sechs Jahren ist ein Kind überhaupt in der Lage, Landschaft wahrzunehmen. Mit zunehmendem Alter können Kinder die verschiedenen Landschaftselemente unterscheiden und dann auch sehr intensiv wahrnehmen. Die Landschaft, in der ein Kind aufwächst, nimmt somit Einfluss auf die Entwicklungen des Kindes. Die Intensität der Sinne nimmt im Alter ab und schränkt somit dann die Wahrnehmung von Landschaft ein (Williams/ Stewart 1996:18-23/ Sebba 1991: 395ff/ Pfister 1994:71ff/ Rufer 2005:46).

4.2 Wert der Kulturlandschaft

Menschen hinterlassen Spuren in einer Naturlandschaft. Diese Spuren verändern sich über die Zeit. Manche Spuren verblassen, oder verschwinden sogar, weitere neue Spuren können hinzu kommen. Diese Veränderungen wirken sich auf die Identität eines Raumes aus und werden auch von den Menschen wahrgenommen und bewertet. Eine Kulturlandschaft entsteht, wie bereits erwähnt, erst durch den Einfluss des Menschen. Faktoren, wie die Mobilität, die Kommunikation, die Besiedlung und die Bevölkerung selbst prägen eine Naturlandschaft so stark, dass eine Kulturlandschaft entsteht (Abbildung 6).

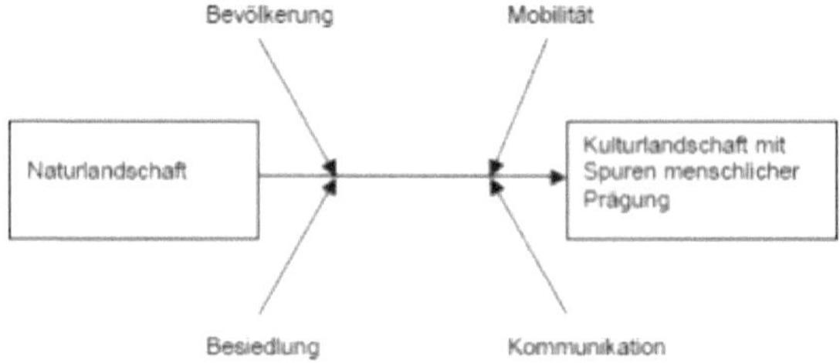

Abbildung 6 Entstehung Kulturlandschaft (Rufer 2005:42)

Der Wert, den der Nutzen einer Kulturlandschaft spendet, kann über die **subjektivistische Werttheorie** ermittelt werden. Der Nutzen einer Landschaft setzt sich aus Nicht- Gebrauchs-werten und Gebrauchswerten zusammen. Bei den **Nicht- Gebrauchswerten** wird zwischen Existenz- (z.B. Schutz der Antarktis), Options- (Möglichkeit offen halten) und Vermächtnis-wert (zukünftige Generationen sollen das Gut noch nutzen können) differenziert.

Der **Gebrauchswert** beschreibt den Erlebniswert einer Landschaft, also den Nutzen, den die Konsumenten aus dem Gebrauch einer Landschaft ziehen.

Die Bewertung einer Kulturlandschaft ist problematisch, da diese ein öffentliches Gut dar-stellt. Ein öffentliches Gut ist geprägt durch die „Nichtauschließbarkeit" und die „Nichtriva-lität". Die **„Nichtausschließbarkeit"** sagt, dass jedem Menschen das Betreten einer Land-schaft gestattet ist. Unter **„Nichtrivalität"** wird verstanden, dass keine Konkurrenz zwischen den Nutzern einer Landschaft herrscht (Blöchliger 2002:134ff/ Roschewitz 1999:7-31/ Ahl-heim 1999:250ff). Da eine Kulturlandschaft also ein öffentliches Gut darstellt, kann die Be-wertung nicht von der Zahlung eines Entgelts abhängig gemacht werden. Wäre die Land-schaft ein privates Gut, könnte das Kaufverhalten auf dem Markt untersucht und so auf den Nutzen geschlossen werden. Durch den Preis der Landschaft auf dem Markt könnte der Wert dieser zum Ausdruck gebracht werden. Oftmals wird ein hypothetischer Markt geschaffen, um den Nutzwert monetär, über die Zahlungsbereitschaft der Nutzer zur Deckung von Erhal-tungskosten der Landschaft, festzustellen. Da die Aussagen zu den Zahlungsleistungen jedoch hypothetisch sind, kann der Landschaftswert nur ungenau dargestellt werden (Hellmann 2002:12-17/Rufer 2005:41ff).

5 Methoden zur Bewertung einer Landschaft

Grundsätzlich wird unterschieden zwischen den Nutzen- und Eignungsbewertungen einer Landschaft. Es gibt zahlreiche Methoden (Abbildung 7), um die Präferenzen einer Landschaft herauszustellen. Monetäre und nicht- monetäre Methoden eignen sich, um den Wert eines Landschaftsgutes auszudrücken. Diese beiden Methoden können in weitere Verfahren unterteilt werden, die im Folgenden erläutert werden.

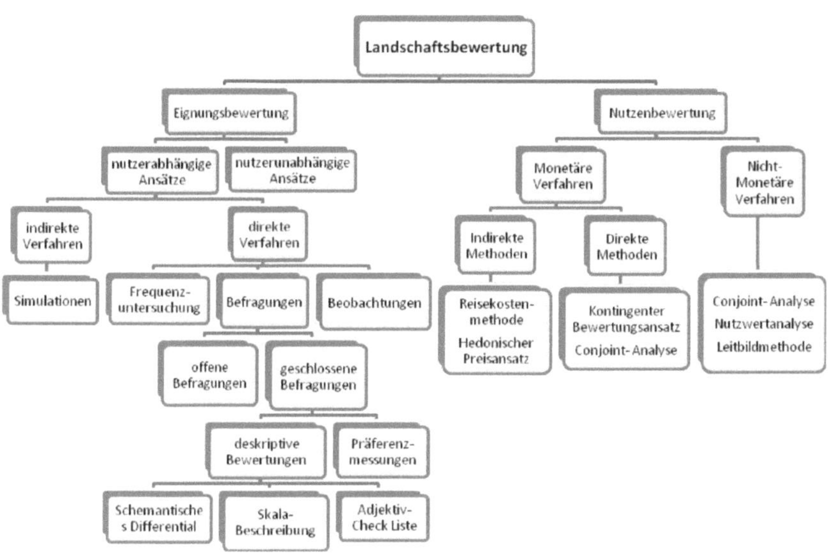

Abbildung 7 Übersicht zur Bewertung einer Landschaft (eigene Darstellung) (in Anlehnung an Müller et al. 1993:363/ Demuth 2000:98ff)

5.1 Nutzenbewertung und Eignungsbewertung

Die Nutzenbewertung und die Eignungsbewertung sind Ansätze zur Landschaftsbewertung. Während die **Eignungsbewertung** sich damit beschäftigt, welche Landschaftsräume sich zur Regeneration des Menschen besonders eignen, wird bei der **Nutzenbewertung** meist versucht, den Wert von Freizeit und Erholung in monetären Größen auszudrücken. Die Nutzenbewertung als solche spielt bei einer **Landschaftsbildbewertung** eine eher untergeordnete Rolle und wird deshalb auch im Folgenden nicht mehr aufgegriffen.

Gewöhnlich werden Eignungsbewertungen zur Landschaftsbildbewertung herangezogen. Diese können wiederum unterteilt werden in nutzerabhängige (**subjektiv**) und –unabhängige (**objektiv**) Ansätze. Besondere Bedeutung kommt hier den subjektiven Bewertungsansätzen zu. Hier werden oftmals Befragungen in dem bestimmten Untersuchungsgebiet durchgeführt, um die subjektiven Bewertungen der Nutzer zum Landschaftszustand zu erfassen. Die Befragungsergebnisse bilden dann die Basis für weitere, weiterführende Analysen. Weiterführend können sowohl direkte als auch indirekte Verfahren sein (Rothgang 1997:42ff/ Hellmann 2002:9ff/ Demuth 2000:97ff).

5.1.1 Eignungsbewertung- direkte und indirekte Verfahren

Bei einem direkten Verfahren werden die Reaktionen der Nutzergruppen auf die Landschaft direkt vor Ort erfasst. Es herrschen natürliche Bedingungen bei dieser Analyse und so können menschliche Reaktionsverhalten aussagekräftig untersucht werden. Direkte Verfahren sind das **Beobachtungsverfahren**, weiterführende **Befragungen** und die sogenannten **Frequenzuntersuchungen**. Bei einem Beobachtungsverfahren wird das Nutzerverhalten der Menschen vor Ort untersucht. Es werden Verhaltensweisen erfasst, jedoch ohne die zugrundeliegende Motivation zu untersuchen. Befragungen können sowohl mündlich als auch schriftlich durchgeführt werden. Oftmals werden offene Befragungen ohne Leitfäden durchgeführt, die erzielen sollen, dass die Befragten ihre Meinungen ehrlich und individuell formulieren. Neben den offenen Befragungen existieren auch die geschlossenen. Diese laufen strukturiert und in standardisierter Form ab, denn das Verfahren zielt auf die Erfassung bestimmter Daten ab. Zwei Verfahren der offenen Befragung können angewandt werden: die Präferenzmessung und die beschreibende Bewertung. Bei einer **Präferenzmessung** wird die Landschaft als Gesamtkonstrukt bewertet. Häufig wird hier als Messtechnik der sogenannte Paarbildvergleich durchgeführt. **Beschreibende Bewertungsmethoden** sind die Skala- Befragung (mehrere Antwort-möglichkeiten), die Anwendung von Adjektiv- Check- Listen und das Schemantische Diffe-rential (die Pole jeder Skala weisen jeweils ein gegensätzliches Adjektivpaar auf) (Demuth 2000:99f).

Bei indirekten Verfahren werden häufig Simulationen als Grundlage verwendet. Zu diesen werden Nutzer in offener oder geschlossener Form befragt. Außerdem werden die Erinne-rungs- und Vorstellungsbilder der Nutzer abgerufen, die Aussagen über Präferenzen einer Landschaft machen (Demuth 2000:100f).

5.2 Monetäre Methoden

Monetären Methoden werden zur Präferenzermittlung einer Landschaft herangezogen und können ebenfalls differenziert werden in direkte und indirekte Methoden.

5.2.1 Indirekte Methoden

Unter den indirekten Methoden werden Verfahren verstanden, bei denen die Präferenzen einer Landschaft über das Marktverhalten erfasst und bewertet werden. Wie zuvor erklärt existiert für das öffentliche Gut Landschaft kein Markt. Es werden substitutive oder komplementäre Zusammenhänge der privaten und öffentlichen Güter unterstellt, so wird von dem Marktver-halten der privaten Güter auf die der öffentlichen geschlossen. Indirekte Methoden sind zum Beispiel die Reisekostenmethode und der Hedonische Preisansatz.

Die **Reisekostenmethode**, bekannt auch als Aufwandmethode, geht davon aus, dass ein Nut-zer öffentlicher Güter auch komplementäre, private Güter verlangt. Wie hoch der Wert für ein öffentliches Gut ist, ist abhängig von dem Aufwand der für die Nutzung dieses Gutes geleistet wird. Somit sind es die privaten Kosten, wie zum Beispiel Transport- und Übernachtungs-kosten, die aufgebracht werden, um eine Kulturlandschaft zu besuchen, die zur Wert-schätzung einer Landschaft beitragen. Negativ an diesem Ansatz ist, dass es sich, aufgrund der eng verbundenen Landschaftsgüter, als problematisch erweist, zu erfassen, weshalb Men-schen in eine bestimmte Landschaft gereist sind. Außerdem beachtet diese Methode nicht die nicht- konsumtiven Werte, lediglich wird auf die Nutzung einer bestimmten Landschaft ein-gegangen. Deshalb kann der tatsächliche Wert einer Kulturlandschaft so nur unzureichend ermittelt werden.

Bei dem Verfahren des **Hedonische Preisansatzes**, auch bekannt als Marktpreismethode, wird ein Gut als Bündel von Eigenschaften angesehen. Der Preis dieses Gutes bildet alle Eigenschaften ab. Ein Preisunterschied zwischen zwei Gütern entsteht schon dann, wenn nur eine Eigenschaft zwischen den beiden Gütern differiert. Das öffentliche Gut Landschaft weist regionale Unterschiede auf. Oft stehen Landschaften in Beziehung zu komplementären, privaten Gütern, in denen sich diese regionalen Unterschiede der Landschaften widerspiegeln. Der Hedonische Preisansatz bestimmt durch die Preise komplementärer, privater Güter den Wert von öffentlichen Gütern (Roschewitz 1999:7-31/ Blöchlinger 2002:137ff/ Endres, Holm- Müller 1998:72-89/ Pommerehne & Römer 1992:174ff).

5.2.2 Direkte Methoden

Unter den direkten Methoden zur Ermittlung der Präferenzen einer Landschaft, wird die individuelle Wertschätzung einer Landschaft durch direkte Befragungen verstanden. Anders als bei den indirekten Verfahren wird hier nicht auf das beobachtete Marktverhalten zurückgegriffen. Mit den direkten Methoden kann nicht nur der konsumtive Wert von öffentlichen Gütern ermittelt werden, sondern auch auf die bereits erklärten Werte Existenz-, Options- und Vermächtniswert. Der Kontingente Bewertungsansatz und die Conjoint- Analyse sind direkte Verfahren zur Ermittlung der Präferenzen einer Landschaft.

Die **Kontingenzmethode** ist eine Bewertungsmethode, die auf Umfragen und Interviews basiert. Hier wird der Wert eines öffentlichen Gutes über den Preis ermittelt. Befragte geben Information darüber, wie hoch ihre Zahlungsbereitschaft wäre, um den Erhalt eines Gutes, in diesem Fall die Landschaft, zu sichern. Besucher eines Nationalparks könnten zum Beispiel gefragt werden, mit welcher Summe sie bereit wären den Erhalt und die Pflege dieses Nationalparks zu unterstützen. Jede Person würde vermutlich eine andere Summe nennen, denn jeder setzt seine individuellen Präferenzen zum Schutz eines Gutes. Diese Präferenzen können wiederum in Geldeinheiten ausgedrückt werden. Vorteil dieses Ansatzes ist, dass auch die nichtbeobachtbaren Werte (Options-, Existenz- und Vermächtniswert) erfasst werden können. Somit ist es möglich die konsumtiven und nicht- konsumtiven Werte miteinander zu vergleichen. Nachteil dieser Methode sind allerdings die Befragungen, denn diese bringen meist nur hypothetische Aussagen (Wie viel würden Sie investieren, um diesen Naturpark zu erhalten?) (Blöchliger 2002:137ff).

Die **Conjoint- Analyse** ist eine multivariate Analysemethode, mit dessen Hilfe Gesamtbewertungen über öffentliche und private Güter in Einzelurteile unterteilt werden können. Jedem einzelnen Merkmal eines Gutes wird ein monetärer Wert zugeordnet. Die Befragten bewerten die Güter als Ganzes, daraus wird anschließend auf die einzelnen Eigenschaften geschlossen. Wichtig ist, dass die Probanden das Gut als Ganzes wahrnehmen. Die Landschaft ist zum Beispiel ein Bündel aus den Elementen Bäumen, Flüssen und Grünflächen (Clausen in wirtschaftslexikon.gabler:o.J/ Roschewitz 1999:7-31/ Böcker 1986:557-569/ Jung 1996:30ff/ Backhaus et al. 2000:590ff).

5.3 Nicht- monetäre Methoden

Die nicht- monetären Verfahren zur Präferenzermittlung für eine Landschaft sind die Nutzwertanalyse und die Leitbildmethode. Auch die **Conjoint- Analyse**, die zuvor als monetäre Methode vorgestellt wurde zählt ebenso zu den nicht- monetären Verfahren. Denn diese Methode kann auch eingesetzt werden, wenn es keinen Marktpreis für ein Gut gibt. Dann verhält es sich jedoch so, dass die Abstände zwischen den Nutzwerten nicht erfassbar sind. Die Teilnutzwerte werden durch Addition beziehungsweise Multiplikation miteinander verknüpft und bilden schließlich einen Gesamtnutzwert. Nun kann ermittelt werden, ob ein Nutzwert eines Gutes einem anderen Gut vorgezogen wird. Es kann jedoch keine Aussage darüber gemacht werden, wie sich die Nutzendifferenz in Geldeinheiten verhält.

Bei der **Nutzwertanalyse** handelt es sich um eine **quantitative nicht- monetäre Analyse**, bei der Wirtschaftlichkeitsuntersuchungen für öffentliche Güter durchgeführt werden, die anschließend nach ihrer Vorteilhaftigkeit geordnet werden. Es wird nach einem Punktebewertungsverfahren geurteilt. Hier fließen nicht nur sachliche Objektinformationen, sondern auch subjektive Informationen in die Bewertung mit ein. Bei diesem Verfahren werden die Kosten grundsätzlich nicht berücksichtigt.

Die **Leitbildmethode** stammt aus dem Bereich der Landschaftsentwicklung. Es handelt sich um eine Planungsmethode, bei der grundsätzlich die nicht- monetäre Bewertung im Vordergrund steht. Es werden Handlungskonzepte erstellt, indem der Soll- Zustand mit dem Ist- Zustand einer Landschaft verglichen wird. Hier kann eine Bewertung der ganzen Landschaft oder für einzelne Elemente vorgenommen werden. Bei dieser Bewertung können die Belange verschiedener Gruppen berücksichtigt werden (Figge 2000:44ff/ Wübbenhorst in wirtschaftslexikon.gabler/ Backhaus et. al 2000:590f/ Hellmann 2002:21ff/ Vorwald & Wiegleb 1996:41ff/ Wiegleb 1997:44-53).

5.4 Fazit der Bewertungsmethoden

Laut Blöchliger (2002:138) wird heute meist die Kontingenzmethode zur Bewertung von Kulturlandschaften gewählt, denn hier können auch die nicht beobachtbaren Werte, wie der Existenz-, der Options- und der Vermächtniswert, ermittelt werden.

Es folgt ein kurzer Überblick wie Untersuchungen in einer Natur- oder Kulturlandschaft aussehen können. Verschiedene Landschaften wurden in diesem Beispiel in voneinander abweichenden Jahren untersucht. Die Zahlungsbereitschaften der Nutzer beziehungsweise Besucher der jeweiligen Landschaften sind bezüglich ihrer Zahlungsbereitschaften, differenziert in Erlebnis-, Existenz-, Options- und Vermächtniswert, befragt worden.

Untersuchung	Untersuchungs-gegenstand	Zahlungsbereitschaft[1]					Wichtigste Folgerungen
		Erleb	Opt	Exist	Verm	Total	
Greenly/Walsh/ Young (1981)	Verbesserung der Wasserqualität eines Naherholungssees	27.9	11.5	9.9	8.1	57.4	Hohe nichtkonsumtive Werte
Walsh/Loomis/ Gillman (1984)	Naturschutzgebiete in Colorado	49.2	8.1	9.9	9.8	77.0	Vergrösserung bestehender Naturschutzgebiete um das Dreifache
Brookshire/ Eubanks/Randall (1983)	Bewahrung zweier Tierarten in einem Nationalpark	36	15-40[2]			51-76[2]	Hohe Optionswerte, steigend mit steigender Bewahrungswahrscheinlichkeit
Ewers/Schulz (1981)	Wert eines Naherholungsgebiets bei Berlin	55-80[3]				55-80[3]	Nutzen übersteigt Kosten um das 1.7 bis 3fache
Schelbert/Maggi (1988)	Wert eines Naherholungswaldes bei Zürich	700		120		820	Wert des Waldes in der Höhe von Industriegebieten
Nielsen (1991)	Wert eines Naherholungsgebietes bei Lugano	1300		420		1720	
Drake (1991)	Schwedische Naturlandschaft			50		50	

Erleb	Erlebniswert
Opt	Optionswert
Exist	Existenzwert
Verm	Vermächtniswert

1 Zahlungsbereitschaft eines Haushaltes pro Jahr in Franken
2 abhängig von der Bewahrungswahrscheinlichkeit nach Kauf der Option
3 abhängig von der verwendeten Methode

Abbildung 8 Wert von Natur- und Kulturlandschaften (Blöchliger 2002:139)

Eine Bewertung oder Folgerung aus Untersuchungen darf nur unter Vorsicht geschehen, wenn Zeitpunkt, geographische Lage und der Typ des Landschaftsgutes sich unterscheiden. Dennoch können folgende Punkte aus Abbildung 8 zusammengefasst werden:

- Die Zahlungsbereitschaft für natürliche Landschaften oder bestimmte Elemente in dieser, ist mit der Zeit stark gewachsen.
- Der Erlebniswert macht nur einen bestimmten Anteil des Wertes von wertvollen Landschaften aus. Mit zunehmender Entfernung von städtischen Zentren nehmen die nichtkonsumtiven Werte einer Landschaft im Verhältnis zu den konsumtiven zu.
- Die Bewahrung von Natur- und Kulturlandschaften nimmt in dichtbesiedelten Regionen einen wesentlich höheren Stellenwert ein, als in bevölkerungsärmeren Regionen.

Es fehlen bis heute großflächige Untersuchungen von Landschaften, zum Beispiel im Alpenraum, die sich vor allem auf die Kulturlandschaften beziehen. Der Wert von traditionellen Kulturlandschaften ist bisher kaum erforscht worden, obwohl dieser Landschaftstyp in Europa sehr dominant ist. Die europäische Naturlandschaft ist stark durch den Menschen geprägt worden, viel wesentlicher als in den USA (Blöchliger 2008:139ff).

6 Fallbeispiel: Österreichische Kulturlandschaft

„Land der Berge, Land am Strome,

Land der Äcker, Land der Dome,

Land der Hämmer, zukunftsreich!" (geschichte-oesterreich:2014).

Schon die Zeilen der österreichischen Bundeshymne zeigen, dass Österreich ein Land verschiedener Kulturlandschaften ist (Abbildung 9), die vor allem für Touristen sehr attraktiv sind. Besonders die Alpinen Landschaften, Weinbaulandschaften und die Landschaften der Berge und Seen sind Anlaufpunkte für Besucher. Sehr bekannte Kulturlandschaften in Österreich sind:

- die Kulturlandschaft Hallstatt,
- die Kulturlandschaft Wachau und (Abbildung 10)
- die Kulturlandschaft Fertő/Neusiedler See (grenzübergreifend mit Ungarn).

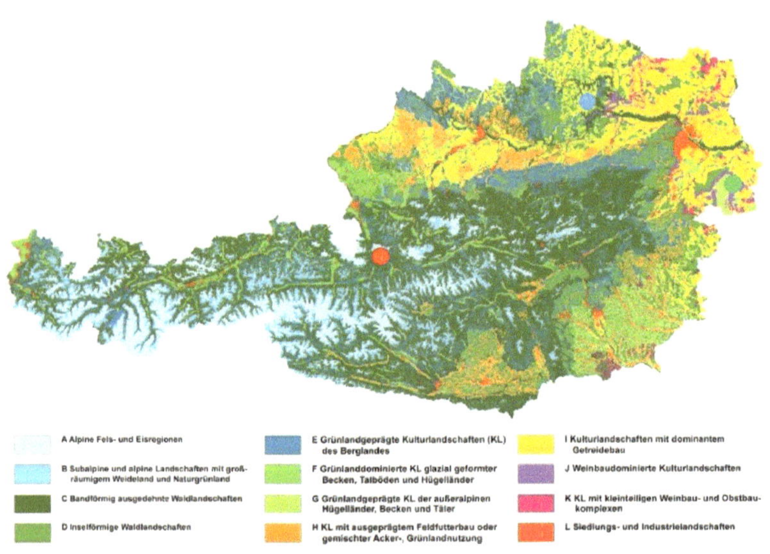

Abbildung 9 Gliederung der Kulturlandschaft Österreichs (univie.at:2000)

Abbildung 10 Kulturlandschaft Wachau (unesco.at:2014)

6.1 Kulturbezogenes touristisches Angebotspotenzial

Ob eine Landschaft für eine bestimmte Art von Tourismus geeignet ist wird durch **soziale Gruppen** festgelegt. Diese bewerten das landschaftliche Erholungspotenzial in einer Region, das sich aus den natur-, kultur- und sozialgeographischen Faktoren ableitet. Wie in den vorherigen Kapiteln erläutert, existieren qualitativ- deskriptive Bewertungen, mit subjektiven Wertmaßstäben, und quantitative Bewertungen.

Natur- und Kulturlandschaften können ein umfangreiches Angebot für touristische Aktivitäten bieten. Bestimmte **naturräumliche Ausstattungen und bioklimatische Bedingungen** machen eine Landschaft attraktiv. Kurtouristen besuchen zum Beispiel geeignete Landschaften zur Regeneration und Heilung. In diesen Regionen existieren meist zahlreiche Naturparke oder auch Thermalquellen, die der Erholung dienen sollen. Freilichtmuseen und eine inszenierte Natur sorgen für einen ausgeprägten Kulturtourismus in diesen Räumen.

Außerdem existiert die sogenannte gelebte und gebaute Kultur, die Touristen anzieht. Zielregionen besitzen zum Beispiel historische Baudenkmäler, eine religiöse Bedeutung (Wallfahrtsorte), Freilichtbühnen, Musikfestivals oder Volksfeste, die ebenfalls attraktiv für Besucher sind.

6.2 Bewertung der österreichischen Kulturlandschaft

Das folgende Fallbeispiel der österreichischen Kulturlandschaft basiert auf Untersuchungen von Gerald Pruckner. Wie bereits in Kapitel 5 erklärt, existiert für die privaten Güter ein Markt, der aufzeigt, in welchem Maße ein Gut konsumiert wird, und welche Präferenzen die Nutzer haben. Bei öffentlichen Gütern, so auch bei Kulturlandschaften, gestaltet es sich schwieriger, den Wert zu bestimmen, da für diese Güter kein Markt existiert.

In diesem Fallbeispiel wurde das Beispielgut „bäuerliche Landschaftspflege" ausgewählt. Auch dieses öffentliche Gut kennzeichnet sich dadurch aus, dass sein Konsum nicht miteinander konkurriert. Der Nutzen einer Kulturlandschaft für eine Person wird durch den zusätzlichen Konsum weiterer Personen nicht eingeschränkt. Niemand kann von der Nutzung öffentlicher Güter ausgeschlossen werden. Da keine Konkurrenz stattfindet, ist es problematisch, den Wert der „bäuerlichen Landschaftspflege" anhand monetärer Einheiten zu bestimmen (Pruckner 2000:144ff).

Leistet ein Nutzer einen Finanzierungsbeitrag, zum Beispiel den Erhalt eines Naturparkes, dann profitieren alle Nutzer des Parks davon, nicht nur der Beitragszahler. Da die Nutzer nun bemerken, dass sie auch ohne hohe Zahlungsbeiträge profitieren können, halten sie natürlich ihre Beiträge relativ gering. Es ist also zu erkennen, dass ein Marktmechanismus, wie er bei den privaten Gütern existiert, hier nicht funktioniert. Es wird also versucht die wirklichen Präferenzen einer Kulturlandschaft anders herauszustellen. Zahlreiche Methoden zur Erfassung der Präferenzen für öffentliche Güter sind in den letzten Jahren entwickelt worden, diese wurden auch bereits in Kapitel 5 vorgestellt (Pruckner 2000:146).

6.2.1 Bewertungsansatz- Kontingenzmethode

Der kontingente Bewertungsansatz ist ein häufig gewähltes Verfahren bei dem die Präferenzen einer Kulturlandschaft auf dem direkten Befragungsweg herausgestellt werden können. Bei diesem Verfahren wird auf künstlichem Wege ein Markt für das Gut, in diesem Fall „bäuerliche Landschaftspflege", geschaffen. Wie bereits in Kapitel 5 beschrieben, wird hier die Zahlungsbereitschaft für private Güter auf die der öffentlichen Güter übertragen. Es wird jeweils durch Befragungen ermittelt, wie wichtig ein bestimmtes Gut, gemessen in Geldeinheiten, für einen Nutzer ist.

Problem des Verfahrens ist die hypothetische Situation, denn es wird nur danach gefragt: „Wie hoch **wäre** die Summe, die sie bereit wären zu Spenden?" Die Menschen werden nur nach Eventualitäten gefragt. Sie müssen die genannte Beitragssumme nie leisten, deshalb können sich die Aussagen auch von den tatsächlichen Wertschätzungen stark unterscheiden. Jedoch wurden weder Verzerrungen von Antworten, noch strategische Verhalten, um eventuell als Trittbrettfahrer von Beiträgen zur profitieren, in größerem Umfang in den Befragungen Pruckners nachgewiesen. Zahlreiche Autoren sind sogar der Meinung, dass die kontingente Bewertungsmethode zu einen der am besten geeigneten Verfahren gehört, Präferenzen öffentlicher Güter herauszustellen. Diese Bewertungsmethode ist heute auch ein anerkanntes Analyseinstrument, zur Bewertung von natürlichen Gütern und Umweltgütern (Carson 1991:73-85/ Langer 1993:147-249/ Hellmann 2002:21ff/ Mitchell, Carson 1989:56-116).

Somit eignet sich das kontingente Bewertungsverfahren auch dazu, das in diesem Fallbeispiel bearbeitete Umweltgut „bäuerliche Landschaftspflege" zu bewerten. In diesem Fall waren es die österreichischen Urlauber, die zu „bäuerlichen Landschaftspflegeleistungen" befragt wurden. Es wurde also die hypothetische Zahlungsbereitschaft (ausgedrückt in monetären Einheiten) der Urlaubsgäste für eine Erholungslandschaft in Österreich untersucht, deren Nutzung in der Realität kostenlos ist (Puckner 2000:148).

6.2.2 Die Untersuchung

4600 Urlauber aus Österreich, der Schweiz, Großbritannien, den Niederlanden, den USA und Deutschland wurden in Österreich zum Thema „Zahlungsbereitschaft für die von den Bauern gepflegte Erholungslandschaft" befragt. Diese individuellen Befragungen konnten mit vorherigen Untersuchungen verknüpft werden. Zuvor wurden Analysen der Reisemotive durchgeführt, die ergaben, dass die gepflegte bäuerliche Kulturlandschaft eine wichtige Basis für den österreichischen Fremdenverkehr ist. Eine relativ große Anzahl an Urlaubern bewertet den Zustand der österreichischen Landschaft mit „sehr gut" oder „ziemlich gut". Desweiteren konnte festgestellt werden, dass die Landschaftspflege Österreichs in einer subjektiven Qualitätseinschätzung ein West- Ost Gefälle aufweist. Besonders die Regionen Tirol, Vorarlberg und Kärnten können mit hoher Qualität punkten.

Eine weitere Befragung legt offen, dass lediglich 50% der Urlauber die bäuerliche Landschaftspflege in Österreich überhaupt wahrnehmen. Dies ist ein Zeichen dafür, dass die gepflegte schöne Landschaft für die Touristen selbstverständlich vorhanden ist. Die Relevanz der Landschaftspflege ist den Touristen demnach nicht bewusst. Den Nachfragern muss die Unverzichtbarkeit der bäuerlichen Landschaftspflege zum Erhalt eines Freizeitraumes bewusster gemacht werden.

Es wurde ermittelt, dass pro Urlauber und Urlaubstag gesehen jeder bereit wäre, 9ÖS (0,65 €) zu zahlen (errechnet über den Mittelwert der Stichprobe). Eine relativ starke Ungleichverteilung entstand, da zahlreiche der Befragten gar keinen Beitrag leisten wollten (Pruckner 2000:149).

Anhand einer Regressionsanalyse konnte ermittelt werden, dass sowohl das Durchschnitts-
alter und das Haushaltseinkommen, als auch die Berufstätigkeit der Befragten Einfluss auf
den Umfang der Beiträge hatten.

Besonders die Urlauber österreichischer Herkunft gehörten zu den Befragten, die bereit waren
hohe Summen der Landschaftsgestaltung beizusteuern. Mit 11,40ÖS (0,83 €) pro Tag (ausge-
nommen Wien) liegen sie weit vorne in der Liste der Zahlungsbereitschaften. Diese Fest-
stellung macht deutlich, dass das Problembewusstsein der Unverzichtbarkeit der landschafts-
pflegerischen Aktivitäten zum Erhalt der bäuerlichen Kulturlandschaft und damit auch der
Erhalt einer Kulturlandschaft des Fremdenverkehrs, bei den österreichischen Befragten am
deutlichsten ausgeprägt sind. In Österreich existiert, im Vergleich zu anderen Ländern, eine
sehr enge räumliche Bindung zwischen der Landwirtschaft und dem Rest der Gesellschaft.
Zum Beispiel werden in den USA landwirtschaftliche Flächen nicht für Erholungszwecke
genutzt. Die amerikanischen Befragten weisen dennoch, völlig unerwartet, mit 11,50ÖS
(0,84 €) pro Tag die höchste Zahlungsbereitschaft auf. Trotz der fehlenden engen Bindung
zur Landwirtschaft ist den Befragten der Erhalt einer Kulturlandschaft wichtig. Auch die Zahlungsbereitschaften der Urlauber aus Deutschland und der Schweiz liegen mit 9,80ÖS (0,71
€) pro Tag weit vorne (Abbildung 11).

Zu dem hohen Wert der USA ist hinzuzufügen, dass dieser den Mittelwert darstellt. Er ist ent-
standen durch einzelne hohe Zahlungsbereitschaften. Denn wird der Median untersucht, so
erkennt man, dass dieser lediglich bei 3,20ÖS (0,23 €) pro Tag liegt. Die Medianwerte der
österreichischen Befragten liegen mit circa 5ÖS (0,36 €) pro Tag deutlich höher. Hier kann
wieder das vorhandene Problembewusstsein der österreichischen Gesellschaft bezüglich der
Landschaftspflege angeführt werden (Abbildung 11) (Pruckner 1993:316-337/ Pruckner
2000:145-157).

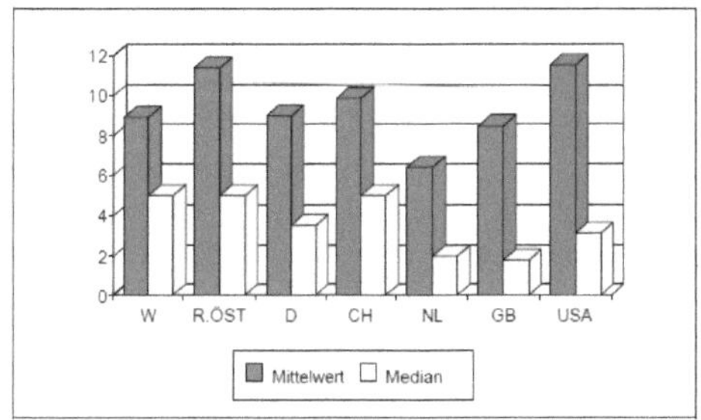

Abbildung 11 Zahlungsbereitschaften der Befragten [pro Tag/ pro Person in ÖS] (Pruckner 2000:151)

W= Wien, R.ÖST= Österreich, ohne Wien, D= Deutschland, CH= Schweiz, NL= Niederlande,
GB= Großbritannien, USA= Vereinigte Staaten

Werden die individuellen Zahlungsbereitschaften der Winter- und Sommertouristen aggregiert, so erhält man einen Wert von 1,2 Milliarden ÖS (87.207.447 €). Auf die Bundesländer Tirol, Salzburg und Kärnten (Abbildung 11 + 12) entfällt ein sehr großer Anteil.

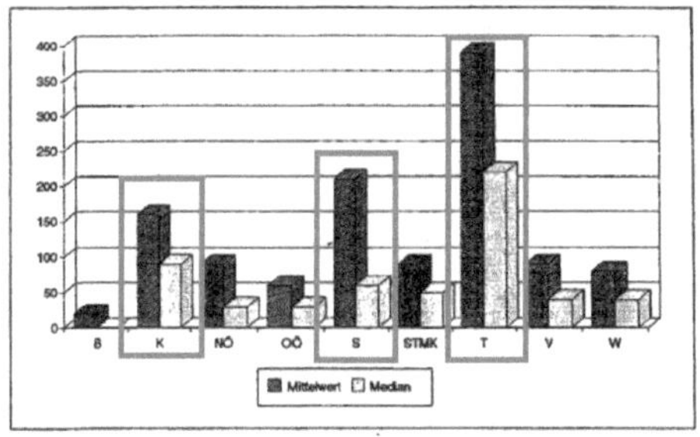

Abbildung 12 Aggregierte Zahlungsbereitschaften (Pruckner 2002:152, bearbeitet)

Abbildung 13 Österreich (eigene Darstellung)

Insgesamt ist eine positive Zahlungsbereitschaft für den Erhalt der Kulturlandschaft der Urlaubsgäste Österreichs festzustellen.

Besonders für die Regionen, die bereits als Kulturlandschaften mit hohem Erholungswert und einem hohem Maß an Landschaftsästhetik bekannt sind, werden hohe Zahlungsbereitschaften gemessen. Diese Landschaften sind für Urlauber bereits unentbehrlich. Die Befragten würden in diesen Landschaften höhere Summen investieren als in Kulturlandschaften, die landschaftsästhetisch einen geringeren Wert aufweisen (Pruckner 1993:316-337/ Pruckner 2000:145-157/ Pruckner, Hofreither 1991:29ff / Hofreither et. al 1991:144ff).

7 Schluss

Zu Beginn meiner Arbeit stieß ich zunächst auf die unterschiedlichsten, teilweise sogar widersprüchlichen Informationen zum Thema Landschaft. In meiner eigenen Definition war ich mir, nach genauerer Überlegung, auch eher unsicher. Ich konnte mir zwar vorstellen, was Landschaft sein könnte, stieß dann aber schnell auf die Frage, ob Landschaft lediglich naturbezogene Elemente zuzuordnen sind.

Was ist also Landschaft?

Was wird einer Landschaft zugeordnet?

Gibt es verschiedene Arten von Landschaft?

Sehen wir alle das Gleiche in einer Landschaft oder haben wir unterschiedliche Vorstellungen?

Und wie wird eine Landschaft durch den Menschen bewertet?

Landschaften können gegliedert werden in Natur- und Kulturlandschaften. Naturlandschaften als solche existieren heute in Europa kaum noch. Deshalb wird unter Landschaft meist die Kulturlandschaft verstanden. Eine Landschaft in der die Natur durch den Menschen beeinflusst wurde. So ist es auch in der Europäischen Landschaftskonvention festgehalten.

„Landschaft: Ein Gebiet, wie es vom Menschen wahrgenommen wird, dessen Charakter das Ergebnis der Wirkung und Wechselwirkung von natürlichen und menschlichen Faktoren ist (Europäische Landschaftskonvention).

Erst durch den Menschen kann eine Kulturlandschaft entstehen. Der Mensch kann also als Raumgestalter gesehen werden. Heute wird eine Kulturlandschaft oft mit dem Tourismus oder Freizeitnutzungen verbunden. Zahlreiche touristische Angebote sind auf bestimmte Kulturlandschaften zugeschnitten.

Durch die Sinne des Menschen kann Landschaft wahrgenommen werden. Jedoch nimmt jeder Mensch eine Landschaft anders wahr. Gründe dafür sind zum Beispiel die Persönlichkeit die Persönlichkeit, Erinnerungen und unterschiedliche Wertschätzungen der Individuen. Demnach wird eine Landschaft auch von jedem Nutzer anders bewertet.

Es wurden Methoden vorgestellt, die für die Bewertung von Landschaften geeignet sind. Die kontingente Bewertungsmethode, als monetäres, direktes Verfahren, erwies sich als ein guter und oft gewählter Bewertungsansatz, da hier auch die nicht beobachtbaren Werte, wie der Existenz-, der Options- und der Vermächtniswert, ermittelt werden können.

Das Fallbeispiel der österreichischen Kulturlandschaft als Urlaubslandschaft, mit dem gewählten öffentlichen Gut „bäuerliche Landschaftspflege", zeigt, dass die Bewertung anhand des kontingenten Bewertungsansatzes möglich ist. Es ist erkennbar, wie sehr der Wert einer Landschaft durch die Nutzer (Urlauber) bestimmt wird und, dass die Wertschätzungen der Individuen stark variieren können.

Literaturverzeichnis

Ahlheim, M. (1999): Die monetäre Bewertung von Naturgütern aus ökonomischer Sicht. In: Wiegleb, G./ Schulz, F./ Bröring, U. (Hrsg.) (1999): Naturschutzfachliche Bewertung im Rahmen der Leitbildmethode. Heidelberg: Physica- Verlag, 249-263.

Backhaus, K./ Erichson, B./ Plinke, W./ Weiber, R. (2000^9): Multivariate Analysemethoden. Eine anwendungsorientierte Einführung. Berlin und Heidelberg: Springer Verlag.

Blöchliger, H. (2002): Der Wert von Natur- und Kulturlandschaften. In: Langer, G. (Hrsg.) (2002^2): Tourismus und Landschaftsbild: Nutzen und Kosten der Landschaftspflege. Innsbruck: LAGO- Eigenverlag, 131-143 (=Entwicklung von Gastgewerbe und Tourismus 10).

Böcker, F. (1986): Präferenzforschung als Mittel marktorientierter Unternehmensführung. In: Schmalenbachs Zeitschrift für betriebswirtschaftliche Forschung. 1986(38), 543-577.

Burggraaff, P./ Kleefeld, K. (o.J.): 2. Cultural landscape im Verständnis der UNESCO. Universität Kobelenz.

Carson, R. (1991): Constructed markets. In: Braden, J./ Kolstadt, C.(Hrsg.)(1991): Measuring the demand for environmental quality. North Holland, S.62-121.

Clausen, G. (o.J.): Conjoint-Analyse. <http://wirtschaftslexikon.gabler.de/Definition/conjoint-analyse.html> abgerufen am: 20.08.14.

Demuth, B. (2000). Das Schutzgut Landschaftsbild in der Landschaftsplanung: Methodenüberprüfung anhand ausgewählter Beispiele der Landschaftsrahmenplnung. Berlin: Mensch-und-Buch-Verlag.

Dollinger, F. (2001): Europäische Kulturlandschaften.< http://culture- nature.com/kulturlandschaft/> abgerufen am 01.08.2014.

Figge, F. (2000): Öko- Rating. Ökologieorientierte Bewertung von Unternehmen. Berlin und Heidelberg. Springer Verlag.

Friedel, J. (2002): Beziehung zwischen Kulturlandschaft und Tourismus. Dargestellt am Beispiel der Saale- Unstrut Region im Bundesland Sachsen- Anhalt. Hamburg: Diplomica GmbH.

Gassner, E./ Winkelbrandt, A. (1990):Umweltverträglichkeitsprüfung in der Praxis, Methodischer Leitfaden. München: Franz Rehm Verlag.

Geschichte-Österreich (2014): Österreichische Bundeshymne <http://www.geschichte-oesterreich.com/bundeshymne.html> abgerufen am: 01.09.2014.

Gunzelmann, T. (2002): Naturschutz und Denkmalpflege. Partner bei der Erhaltung, Sicherung und Pflege von Kulturlandschaften. In: Schönere Heimat 89/2000. Heft 1, 3 – 14.

Hasse J. (1999): Das Vergessen der menschlichen Gefühle in der Anthropogeografie. In:Geografische Zeitschrift. 87(2). S.63-68.

Hasse J. (1995): Gefühle im Denken und Lernen. In: Hasse. J (Hrsg.) (1995): Gefühle als Erkenntnisquelle. Frankfurt am Main: Selbstverlag des Instituts für Didaktik der Geographie, 9-59 (=Frankfurter Beiträge zur Didaktik der Geographie 15).

Hellmann, K. (2002). Ermittlung von Präferenzen verschiedener Anspruchsgruppen für die Landschaft in einem Naturschutzgebiet: Lüneburg. CSM, Centre for Sustainability Management.

Hofreither, M./ Pruckner, G./ Weiss, C. (1991): Ökonomische Interaktionen zwischen Gesamtwirtschaft und Agrarsektor: eine empirische Analyse für Österreich. Kiel: Vauk Verlag.

Johnston, R./ Gregory, D./ Pratt G./ M. Watts (2009[5]): The Dictionary of HumanGeography, London: Blackwell Publishers.

Jung, M. (1996): Präferenzen und Zahlungsbereitschaft für eine verbesserte Umweltqualität im Agrarbereich. In: Lang, P. (Hrsg.) (1996): Volks- und Betriebswirtschaft. Frankfurt am M.: Eigenverlag, 30-65 (=Europäische Hochschulschriften 5).

Knox, P./ S. Marston (2008[4]): Was heißt Humangeographie?. In Gebhardt, H/ Meusburger, D./ Wastl-Walter, D. :(Hrsg.) (2008): Humangeographie. Heidelberg: Spektrum, 280-290.

Kulturlandschaft Südtirol (2008): Was bedeutet der Begriff Kulturlandschaft?. <http://www.uibk.ac.at /geographie/projects/kls/beschreibung/landschaftsbegiffe/kulturlandschaft.html> abgerufen am 01.08.2014.

Langer, G. (Hrsg.) (1993[2]): Tourismus und Landschaftsbild: Nutzen und Kosten der Landschaftspflege. Innsbruck: LAGO- Eigenverlag.

Marschall, I./ Werk, K. (2007): Die Europäische Landschaftskonvention. In: Natur und Recht, 29(11), 719-722.

Mitchell, R./ Carson, R. (Hrsg.) (1989): Using surveys to value public goods. Baltimore:Resources for the Future.

Müller, J. (2005): Landschaftselemente aus Menschenhand. München: Spektrum Akademischer Verlag Elsevier GmbH.

Pfister, C. (1994): Das 1950er Syndrom Die Epochenschwelle der Mensch-Umwelt-Beziehung zwischen Industriegesellschaft und Konsumgesellschaft. In: GAIA-Ecological Perspectives for Science and Society 3(2), 71-90.

Pommerehne, W. (1987): Präferenzen fur öffentliche Güter. Ansätze zu ihrer Erfassung. Tübingen: Mohr Siebeck .

Pommerehne,W./ Römer, A. (1992): Ansätze zur Erfassung der Präferenzen für öffentliche Güter. Ein Überblick. In: Jahrbuch für Sozialwissenschaften (43), 171-210.

Pruckner, H./ Hofreither, M. (1991): Die Bewertung überbetrieblicher Leistungen und negativer externer Effekte der österreichischen Landwirtschaft. In: Forschungsbericht des MBLF. Wien.

Pruckner, G. (1993): Strukturelle Veränderungen in der österreichischen Landwirtschaft- Eine ökonomisch-soziologische Betrachtung. In: Berichte über Landwirtschaft 1993(71), 316- 337.

Pruckner, G. (2000): Touristische Präferenzen für den ländlichen Raum. Eine kontingente Bewertung der österreichischen Kulturlandschaft. In: Langer, G./ Weiemair, K. (Hrsg.) (2000): Tourismus und Landschaftsbild. Nutzen und Kosten der Landschaftspflege. Thaur: Kulturverlag, 145-157.

Römer, A. (1991): Der kontingente Bewertungsansatz: eine geeignete Methode zur Bewertung umweltverbessernder Maßnahmen? In: Zeitschrift für Umweltpolitik & Umweltrecht 1991(4), 410-457.

Roschewitz, A. (1999). Der monetäre Wert der Kulturlandschaft. Eine Contingent Valuation Studie. Kiel: Wissenschaftsverlag Vauk.

Rothgang, M. (1999): Ökonomische Perspektiven des Naturschutzes. Analyse naturschutzpolitischer Ansätze im Hinblick auf das Zusammenwirken von ökologischen Begrenzungen, institutionellen Strukturen und ökonomischen Erfordernissen. Berlin: Duncker und Humblot.

Rufer, P. F. (2005). Landschaftsveränderung in der Wahrnehmung und Bewertung der Bevölkerung (Doctoral dissertation).

Schwahn, C. (1990): Landschaftsästhetik als Bewertungsproblem. Zur Problematik der Bewertung ästhetischer
Qualität von Landschaft als Entscheidungshilfe bei der Planung von landschaftsverändernden Maßnahmen. Hannover: Selbstverlag.

Sebba, R. (1991): The Landscapes of Childhood The Reflection of Childhood's Environment in Adult
Memories and in Children's Attitudes. In: Environment and behavior 23(4), 395-422.

Sieferle, R. P. (1995). Naturlandschaft, Kulturlandschaft, Industrielandschaft. In: Comparativ (Leipziger
Beiträge zur Universitätsgeschichte und vergleichenden Gesellschaftsforschung) 1995(4), 40-56.

Spreitzer, H. (1951): Zur geographischen Organisation der Erdräume. In: Petermanns Geographische Mitteilun-
gen, Bd. 95, H. 4, S. 253-257.

Univie.at (2000): Gliederung der Kulturlandschaft Österreichs <http://homepage.univie.ac.at
/christian.sitte/erasmus/Kulturlandschaft_Oesterreich.JPG> abgerufen am: 01.09.2014.

Vorwald, J./ Wiegleb, G. (1996): Anforderungen an Leitbilder für die Entwicklung von Bewertungsverfahren im
Naturschutz. In: Aktuelle Reihe BTU Cottbus, 1996(8), 38-49.

Wigeleb, G. (1997): Leitbildmethode und naturschutzfachliche Bewertung. In: Zeitschrift für Okologie und
Naturschutz, 1997(6), 43-62.

Williams, D./ Stewart, S. (1996): Sense of place: An elusive concept that is finding a home in ecosystem management. In: Journal of forestry 1996(5), 18-23.

Wübbenhorst, K. (o.J.): Nutzwertanalyse. <http://wirtschaftslexikon.gabler.de/Definition/nutzwertanalyse.html>
abgerufen am: 22.08.14.

Abbildungsverzeichnis